COCINA MOLECULAR

Concepto, técnicas y recetas

EDICIONES Lea

Redacción: Eduardo Casalins.
Investigación y selección de imágenes: Rosa Gómez Aquino.

Cocina molecular
es editado por
EDICIONES LEA S.A.
Charcas 5066 C1425BOD
Ciudad de Buenos Aires, Argentina.
E-mail: info@edicioneslea.com
Web: www.edicioneslea.com

ISBN 978-987-634-237-7

Primera edición, 3000 ejemplares.
Impreso en Argentina.
Esta edición se terminó de imprimir en
Julio de 2010 en Gráfica Pinter.

Casalins, Eduardo
    Cocina molecular : concepto, técnicas y recetas . - 1a ed. -
Buenos Aires : Ediciones Lea, 2010.
    64 p. ; 24x17 cm. - (Sabores y placeres del buen gourmet; 5)

    ISBN 978-987-634-237-7

    1. Libros de Cocina. 2. Recetas. 3. Técnicas Culinarias. I. Título
CDD 641.5

Introducción

Algo nuevo (¿quizás radical?, ¿tal vez, revolucionario?) está sucediendo en el mundo de la gastronomía urbana de las ciudades más importantes y sofisticadas del globo.

Cocineros que, en lugar de la tradicional secuencia de entrada, plato principal y postre, ofrecen menúes compuestos por siete o más bocados pequeños.

Chefs que utilizan en sus creaciones culinarias elementos tales como nitrógeno líquido, titanio, y gelificantes y emulsionantes diversos.

Jefes de cocina que se enorgullecen de ofrecer preparaciones tales como magdalenas de aceitunas, espuma de humo y capuchino de habas a la menta, y hasta se atreven a trasladar conceptos de la filosofía o la crítica literaria al mundo de los platos y los cubiertos.

¿Qué es eso que está sucediendo? Algo que responde a nombres diversos, pero cuya denominación más conocida y extendida es *cocina molecular.*

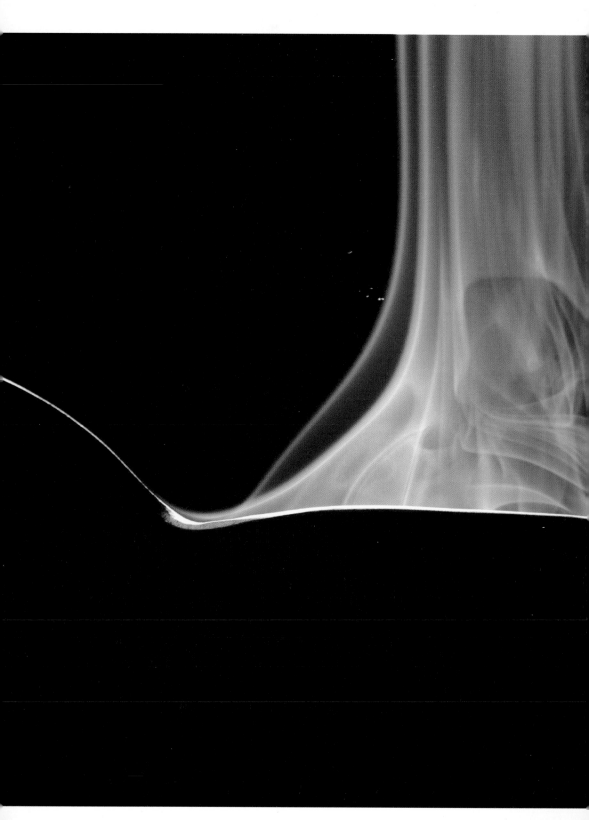

¿Qué es
la cocina molecular?

En sentido estricto, la *cocina* o, mejor dicho, la *gastronomía molecular* es la relación entre la cocina y los procesos físico-químicos que tienen lugar en ella. O sea, la aplicación de los conceptos científicos a la comprensión y al desarrollo de las preparaciones culinarias. Su campo de acción se basa en descubrir las reacciones físico-químicas que ocurren durante la preparación y cocción de los alimentos, y en responder a interrogantes tales como:

- ¿Por qué algunas verduras pierden sus colores originales al ser cocidas?

- ¿Cuál es la causa de que la levadura propicie que una masa de pan se infle, levante y expanda?

- ¿Qué es lo que sucede cuando cocemos una pasta en agua hirviendo?

- ¿Por qué razón una olla a presión cocina más rápido y más a fondo que otra que no lo es?

- ¿Por qué el ananá y la papaya (entre otras frutas) impiden que las gelatinas, efectivamente, gelifiquen y se endurezcan?

- ¿Qué es lo que hace que el jugo de limón "corte" la leche?

- ¿Qué es la leche cortada y por qué se produce tal proceso?

La gastronomía molecular implica, asimismo, tomar cualquier conocimiento de que disponga la ciencia y colocarlo/utilizarlo en función de exaltar la experiencia gastronómica desde el análisis sensorial, en pos de entender cosas tales como la forma en que influyen los sentidos en una degustación o cuál es el orden conveniente de los platos. Ello puede hacerse, con preparaciones tan sofisticadas como las típicas espumas de la cocina molecular o con otras tan simples y populares como una milanesa con papas fritas.

En sentido más amplio y popularmente conocido, *cocina molecular* es la denominación de una tendencia gastronómica (en rigor, la última, y la más *fashion* y sofisticada que se conoce) que se caracteriza por someter a los alimentos o a los ingredientes que componen un determinado plato a procesos capaces de transformarlos de manera novedosa, obteniendo resultados sorprendentes nunca antes logrados. De esa forma, pueden surgir infinitas posibilidades: leche eléctrica, ravioles transparentes, espumas de las más diversas especies, huevos hidrocoidales, helados salados, tempura de pistacho, sorbete de arroz con leche, y trufas de yogur, entre otras múltiples preparaciones.

Una palabra clave:
deconstrucción

La cocina molecular incluye a la *deconstrucción gastronómica o gastronomía deconstructiva.* El término *deconstrucción* se importa del terreno filosófico (en el que refiere a la idea de desmontar el edificio de buena parte de la filosofía anterior en pos de que puedan aparecer las verdaderas estructuras que se encuentran ocultas por debajo) y se lo implanta en lo culinario para referirse al proceso que consiste en deconstruir o alterar la estructura clásica de platos generalmente ya conocidos, manteniendo sus ingredientes principales y su sabor predominante, pero modificando sus texturas y presentaciones. En palabras de Ferran Adrià (principal exponente de esta tendencia gastronómica): "Consiste en utilizar (y respetar) armonías ya conocidas transformando las texturas de sus ingredientes, así como su forma y temperatura. Un plato deconstructivo conserva el "gen" de cada uno de los productos y mantiene (e incluso incrementa) la intensidad de su sabor, pero presenta una combinación de texturas completamente transformada. El resultado permite que, al consumir el comensal dicho plato, gracias a su memoria gustativa relacione el sabor final del mismo con la receta clásica, pese a no haber reconocido tal conexión en la presentación inicial".

Aparecen así, por ejemplo, el jugo de pechuga de pollo asado, el merengue de salmón, la mayonesa en hojaldre, la aceituna líquida, el vermouth en pastilla o la espuma de bechamel. Argentina ya posee su espuma de chimichurri y Chile no se queda atrás con su espuma de caldillo de congrio: un condimento típico, en el caso de Argentina, y una comida de igual condición, en el caso de Chile, revisados y renovados por la deconstrucción gastronómica. El plato paradigmático de esta corriente que es también una técnica, es sin lugar a dudas la tortilla de papas deconstruida, creada por el cocinero Ferran Adrià. En ella, se coloca en una copa de cóctel: debajo y en primer lugar una confitura dorada de cebolla; encima de esta, huevo líquido caliente; y, por último, una espuma de papa obtenida, como no podía ser de otra manera, por un sifón. La idea y el concepto que prima en él, como en toda deconstrucción gastronómica, es cambiar la puesta en escena del plato, pero mantener inalterables los sabores de la preparación transpuesta (la tortilla de papas "original") que se perciben al tomar con la cuchara las tres capas, introducirlas en la boca y captarlas a través de las papilas gustativas.

Hacia un concepto más amplio de cocina molecular

Continuando con esta concepción amplia de la cocina molecular, también suele englobarse con tal rótulo a combinaciones por demás audaces de ingredientes tales como caviar con chocolate negro, mejillones con té, lenguas de cordero con algas, sepia con coco, chocolate blanco con chiles molidos, foie gras con gelatina de frambuesa, vísceras con flores, almejas con merengues, huevos con caramelo, sopa de coco con sardinas, perdiz con langosta, y berberechos con fruta de la pasión (maracuyá), entre muchas otras osadas parejas gastronómicas.

¿Molecular, tecnoemocional, de vanguardia, conceptual o de autor?

A la hora de elegir un restaurante para degustar los tan, hasta ahora, extraños manjares, habrá que estar atento a la denominación del tipo de cocina o comida, ya que bajo diferentes nombres o rótulos pueden estar aludiendo a lo mismo.

La *cocina molecular* no siempre fue ni es conocida bajo esa denominación un tanto fría y con claras resonancias a laboratorio que no suele gustarle a todos los chefs afectos a la deconstrucción y amantes de las espumas.

De hecho, algunos cocineros que realizan este tipo de platos detestan tal rótulo y prefieren el de *cocina de vanguardia*, término un poco más amplio y que tiene la ventaja de sonar menos frío y de poder incluir mayor variedad de preparaciones.

Otros, optan por reemplazarlo por *cocina tecnoemocional* y de hecho, puede considerarse que tal denominación es una suerte de sinónimo de *cocina molecular*, con resonancias más cálidas, ya que la idea de emoción o emocionalidad se aleja ampliamente del concepto de laboratorio que propone la palabra molecular.

Por supuesto, no faltan quienes se decantan por el término *conceptual* pese a que este tipo de preparaciones no siempre coincide con las bases de la cocina molecular. De hecho, Ferran Adrià la denominó en un principio como comida *técnicoconceptual*.

Y, por supuesto, toda cocina de este tipo o tendencia es, efectivamente, una *cocina de autor* –debido a que cada plato es una creación única– aunque la relación inversa no se verifique, esto es, no toda cocina de autor es del orden de lo molecular o de lo tecnoemocional.

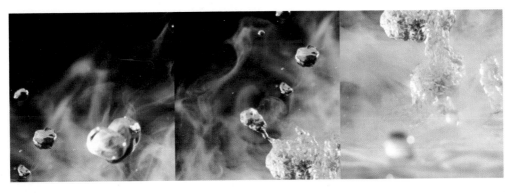

Un poco de
historia

La historia de la preparación de los alimentos y platos, más allá de la cocina molecular que nos ocupa en este libro, siempre estuvo muy ligada a la inventiva, al hecho de cambiarle la forma a los alimentos, a las transformaciones que tienen lugar en la cocina, sea a través del fuego o sin él, sean estas del orden de lo físico, de lo químico o de ambos combinados. Cocinar es, sin dudas, transformar los alimentos, permitir o inducir la metamorfosis de los ingredientes, propiciar esa maravillosa alquimia que comenzará entrando por los ojos, halagará nuestra nariz y nuestro paladar, y terminará satisfaciendo nuestro apetito.

Y ello sólo pudo hacerse con dos instrumentos fundamentales: las manos y la mente de los seres humanos.

¿Quién hizo de unos tomates una salsa que hoy es conocida universalmente y que es para muchos el único acompañante posible (y el más deseable) de un plato de pastas?

¿Cuál fue el nombre del maravilloso alquimista que logró metamorfosear por vez primera una viscosa y amarillenta clara de huevo en una fascinante espuma de un blanco inmaculado denominada "clara batida a nieve"?

¿Quién fue el primero en transformar esa maravillosa y saludable manteca vegetal que es la palta en un guacamole hecho y derecho?

¿A quién debemos agradecer por ese versátil prodigio hecho de yema de huevo crudo y aceite que llamamos *mayonesa*?

La respuesta a todas esas preguntas precedentes es: a maravillosos e inventivos cocineros cuyos nombres no han pasado a la historia.

En este recién comenzado tercer milenio un grupo de intrépidos chefs –cuyos nombres *sí* conocemos– levanta el guante de los antiguos creadores culinarios en pos de inventar (o intentar hacerlo) la "pólvora culinaria". Cuando parecía que el horizonte gastronómico más renovador no se elevaba más allá del entrelazamiento de tradiciones y tendencias que proponía la cocina fusión o de la sofisticación y renovación que desplegaba orgullosa la *nouvelle cuisine,* surgió algo verdaderamente novedoso: la cocina molecular.

El término *cocina molecular* que tan en boga se encuentra hoy en los centros urbanos del planeta todo, se vio precedido por el de *gastronomía molecular,* acuñado en 1980 cuando Nicholas Kurti (físico de origen húngaro) y Hervé This (científico francés), entre otros, comenzaron a estudiar los procesos químicos y físicos que ocurren en una cocina. Se podría decir que ellos fueron, de alguna manera, los primeros en tender ese puente que une la gastronomía a la ciencia, la cocina al laboratorio, el chef al científico, y la olla al tubo de ensayo.

Ya en 1969 Kurti se había más que asomado al tema cuando en la *Royal Institution* dio una charla denominada "El físico en la cocina" (*The physicist in the kitchen*) y comenzó su exposición con una reflexión que ya hoy se ha tornado célebre: "Pienso con una profunda tristeza sobre nuestra civilización: mientras medimos la temperatura de la atmósfera de Venus ignoramos la de nuestros *soufflés*".

¿Cuándo nace la cocina molecular propiamente dicha, esa que es capaz de imaginar y plasmar platos tales como el *irish coffee* de espárragos al jugo de trufa, el huevo de codorniz caramelizado o las ostras merengadas con jugo de mar? A la hora de señalar fechas, momentos o eventos que constituyeron la piedra fundacional del último grito de la moda gastronómica, los estudiosos de la culinaria y su historia no pueden indicar un momento exacto, pero sí un acontecimiento bisagra que es el siguiente: el

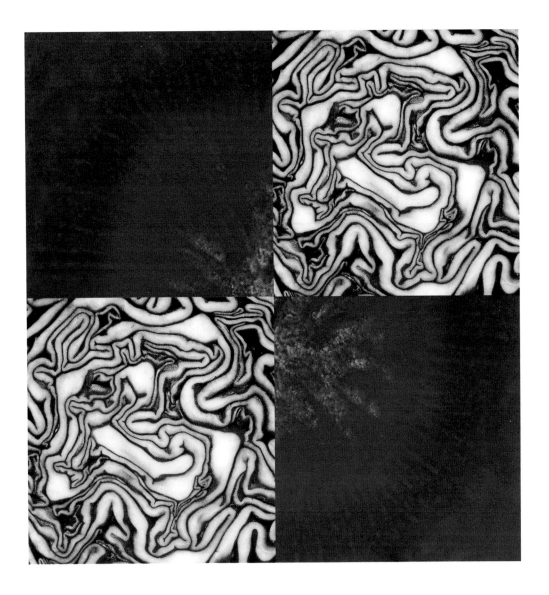

chef Ferran Adrià se encontraba hacia mediados de la década del 90 del siglo pasado en la cocina realizando sus tareas e investigaciones y tuvo la idea de recrear la receta del *gargouillo* (suerte de minestra de verduras) del chef Michel Bras bajo la forma de un plato de texturas de verduras. De esa forma, nació la *Menestra de verduras en texturas* (denominado también *Menestra en texturas*) suerte de plato fundacional de la comida molecular, a la que Adrià denominó en un inicio, tal como lo referíamos un poco más arriba, como cocina técnico-conceptual. A partir de allí se abrió todo un horizonte culinario de ingredientes, técnicas, preparaciones y platos que tiene muchos seguidores y algunos detractores.

Principales
exponentes

No existe duda alguna acerca de quién es el principal exponente de esta tendencia gastronómica, si no su inventor. Se trata del citado Ferran Adrià, cocinero español premiado y considerado durante muchos años como el mejor chef del mundo y actual copropietario del ya mítico restaurante *El Bulli,* situado en Cataluña (España). Nacido en Barcelona en 1962, Adrià llegó al mencionado restaurante en agosto de 1983 y fue rápidamente escalando posiciones: comenzó en él trabajando un mes (concretamente, el que tenía a modo de permiso en su servicio militar en la Marina), al año siguiente se incorporó a la plantilla y en octubre de ese mismo año pasó a ser jefe de cocina, cargo que compartía con Christian Lutaud. El dúo de flamantes y entusiastas jefes aprovechaba la temporada de poco público (sí, en algún tiempo las hubo en *El Bulli*) para realizar investigaciones y viajes, al tiempo que planeaba el futuro del restaurante. Hasta 1986, *El Bulli* fue mayormente un restaurante de cocina clásica y de *nouvelle cuisine*. Pero en 1987, Lutaud se aleja de él y Adrià pasa a ser el único responsable de la cocina y de la línea a seguir por el restaurante. Allí es donde comienza el verdadero camino de creatividad, libertad e innovación que ha caracterizado a este restaurante y a su cocinero.

A este cheff le pertenecen creaciones tales como la deconstrucción gastronómica (de la que ya hablamos más que pormenorizadamente), el empleo de sifones y la técnica de esferificación, puntos que abordaremos en detalle más adelante. En otro orden de cosas, este notable cocinero catalán se destaca por el minimalismo en la presentación de sus platos y por la utilización de vajilla y menajes innovadores. Entre los múltiples premios que se le otorgaron se encuentran el Premio Nacional de Gastronomía al Mejor Jefe de Cocina concedido por la Academia Nacional de Gastronomía y el de Mejor Cocinero del Año otorgado por *Gourmetour*.

El Bulli –también elegido durante varios períodos como el mejor restaurante del mundo– permanece abierto la mitad del año, ya que durante el resto Adrià y su equipo se enfrascan en una tarea de laboratorio, en pos de idear nuevas preparaciones. Cuando se encuentra abierto, reservar y conseguir una mesa resulta una tarea verdaderamente titánica además de, por supuesto, onerosa. Tener el privilegio de trabajar y formarse allí es casi tan difícil, si no más, que conseguir una mesa en tanto cliente. Por sus cocinas han pasado multiplicidad de cocineros que luego se destacaron ampliamente en el mundo culinario. Al igual que Adrià, *El Bulli* ha recibido numerosos premios, entre los que se cuentan Mejor Restaurant del Mundo por *The Restaurant Magazine* y el *Grand Prix de L'Art de la Cuisine,* otorgado por la Academia Internacional de Gastronomía.

Su calificación en la *Guía Michelin* (suerte de Biblia gastronómica) es, por supuesto, de 3 estrellas.

Heston Blumenthal es otro de los nombres que no pueden dejar de mencionarse si de cocina molecular se trata. Con su restaurante cercano a Londres, *The Fat Duck,* cuya cocina es un espectacular laboratorio de investigación gastronómica, este científico de la culinaria es un experimentador constante que incluye al oído y a la memoria como parámetros de respuesta a la hora de degustar y disfrutar de sus platos. Su menú degustación incluye decenas de nuevas experiencias para el paladar y los otros sentidos. El sorbete de sardinas, la avena de serpientes, y la gelatina de ostras con jugo de parchita y lavanda, son sólo tres de sus osadas propuestas.

El francés Pierre Gagnaire, chef del restaurante homónimo ubicado en París, termina de conformar la tríada de nombres fundamentales en lo que hace a cocina molecular. Iconoclasta y renovador formó parte del movimiento de la fusión en la cocina y a través de yuxtaposiciones de sabores, ingredientes y texturas logró derribar la concepción tradicional de la comida francesa.

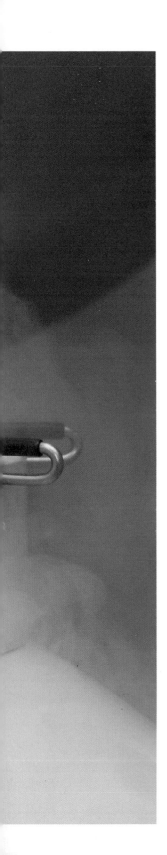

Ingredientes
de la cocina molecular

Por supuesto la cocina molecular cuenta entre sus ingredientes con todos aquellos que están también en la cocina que no es tal: berenjenas, chocolate, limón, quesos en sus distintas variedades, tomates, mango, carne de cerdo, vainilla, papas y aceite, desfilan –como no podía ser de otra manera– por buena parte de sus platos. Sin embargo, existe una serie de componentes cuasi importados del laboratorio que sí resultan prácticamente específicos de esta cocina. Algunos de ellos, son los siguientes:

Nitrógeno líquido
Es, tal vez, el ingrediente estrella de la cocina molecular, ya que permite una congelación instantánea,

sin cristales y sin modificación alguna de los sabores. Se lo puede usar en helados, pero lo cierto es que su fama se debe a que es el ingrediente que dio origen a las célebres *espumas* dulces o saladas, tan características de la cocina molecular.

Alginato de sodio

El *alginato de sodio* (E 401) o, simplemente, *alginato*, es un derivado gelatinoso de las algas pardas, que se encuentran en regiones de aguas más bien frías, tales como Escocia, Irlanda, Sudáfrica y Nueva Zelanda. Puede usarse en muchas preparaciones a modo de gelificador y espesante, pero su uso más difundido en la cocina molecular es el de ser el ingrediente que permite las famosas esferificaciones. Dependiendo de la parte del alga que se haya refinado, varía su textura y la capacidad de reacción al cloruro de calcio.

Cloruro de calcio

También conocido como *calcic* (E 509) o *sal de calcio*, se trata de un producto de uso relativamente frecuente en la alimentación (es utilizado en la elaboración de quesos, por ejemplo) y es otro de los ingredientes necesarios, junto con el alginato de sodio, para llevar a cabo la técnica de esferificación. Se trata de un "dador de calcio" que permite una gelificación inmediata y que resulta el ideal debido a su gran facilidad de disolución en agua, su importante aporte de calcio y su gran capacidad de propiciar la esferificación.

Xantana

También conocido como *xantano,* es un gelificante alternativo del alginato para lograr la esferificación y otras técnicas similares. Se trata de una goma de origen vegetal, concretamente un polisacárido, que es producido por una bacteria.

Agar-agar

El agar-agar (E 406) es otro gelificante alternativo al alginato, también proveniente de las algas, concretamente de diferentes especies rojas de las mismas. Al contrario que el alginato o la xantana, el agar-agar resulta fácil de conseguir ya que se expende en dietéticas o comercios de tipo naturista.

Citrato de sodio

Compuesto que permite modificar la acidez de las preparaciones. Se lo suele utilizar para subir la acidez del cloruro cálcico, de forma tal de que este pueda cumplir mejor su función en la esferificación.

Flores

Entre tanto ingrediente químico y sin un ápice de romanticismo, la cocina molecular también levanta el guante de la muy antigua tradición de introducir flores en sus platos. Rosa, lavanda, flores de cebollino, violeta, taco de reina, jazmín y petunia, son algunas de las más utilizadas. Una precaución a tener muy en cuenta es no incorporar a las preparaciones las flores que se expenden en puestos o comercios dedicados a su comercialización, debido a que estas se encuentran rociadas con conservantes que resultan tóxicos. Lo óptimo es usar aquellas que nosotros mismos hemos plantado. Igualmente, siempre se recomienda lavarlas con abundante agua fresca.

Otros ingredientes posibles de la cocina molecular

Polvo de plata
Titanio líquido
Disolución de ácido cítrico
Gluconolactato de calcio
Metilcelulosa

¿Dónde comprar estos ingredientes?

A excepción de las flores y del agar-agar el resto de los ingredientes está, al menos por el momento, ausente de las góndolas de los supermercados corrientes. Efectivamente, no hay en los centros urbanos latinoamericanos comercio donde agenciarse de cloruro cálcico o donde munirse de nitrógeno líquido en pos de realizar alguna espuma. ¿Cómo practicar, entonces, la cocina molecular? La respuesta es: Internet. En la red de redes existe una serie de servicios que venden y envían a domicilio (a veces, atravesando el océano) generalmente, no un ingrediente, sino un set que contiene tanto los principales ingredientes como los utensilios de mayor uso.

Técnicas

La cocina molecular encuentra en la o en las técnicas otro de sus aliados más poderosos y considera a sus innovaciones una excelente vía para ampliar las posibilidades creativas.

Esferificación

La esferificación es, casi sin dudas, la técnica culinaria estrella de la cocina molecular. Consiste en el empleo de alginatos (y, eventualmente, de otros gelificantes) y cloruro de calcio con el fin provocar gelificaciones parciales y formar pequeñas bolitas o esferas de contenido líquido y sabores variados.

Para ello se gelifican líquidos diversos (vinos, jugos de frutas, infusiones) de la siguiente manera: por un lado, se disuelve el alginato de sodio en el líquido elegido (el que le dará sabor y color) y, por otro, se disuelve el cloruro de calcio en agua. Luego, se pone la mezcla de alginato y jugo en una pipeta, jeringuilla o cuchara

coladora especialmente concebida para lograr esferificaciones, y se vierten poco a poco gotas sobre la disolución de cloruro cálcico, de forma tal que el líquido se gelatinice y se provoque el "encapsulado" en forma de esferas.

Se trata de una técnica que hace que los sabores aparezcan de manera repentina en la boca al "explotar" la cápsula de gelatina que los contiene. Como se pretende y se logra imitar la forma y la textura de las huevas de pescado, suelen nombrárselas como "caviar": surge así el caviar de manzana (cuando las esferas se realizan con jugo de manzana) o caviar de oporto, cuando se emplea este vino espirituoso en la elaboración de las esferas.

Criococina

Término que refiere al uso de nitrógeno líquido en los platos, de forma tal de lograr congelaciones prácticamente instantáneas, lo cual evita la formación de cristales de hielo al tiempo que permite obtener texturas verdaderamente sorprendentes. Junto con la esterificación, constituye el dúo de técnicas estrella de la cocina molecular.

Nueva caramelización

Técnica que parte de un caramelo ya frío al que se lo coloca entre dos papeles antiadherentes y se lo introduce en el horno hasta que se funde. Posteriormente, se lo lamina lo más finamente posible, se coloca la lámina obtenida entre dos papeles de horno y se lo vuelve a introducir en este, aunque por un breve tiempo de no más de 15 segundos. Luego, se corta en porciones del tamaño y la forma deseada, y se guardan las mismas, tomando las precauciones necesarias como para que no absorban humedad.

Para utilizarlo se coloca el producto o ingrediente que se desea caramelizar en una placa, se lo cubre con una porción/lámina del caramelo en cuestión y se lo coloca en la salamandra o gratinadora, de forma tal de que el caramelo se adhiera y cubra el producto o ingrediente; luego, se repite la operación por el otro lado, de manera tal de obtener una caramelización completa y perfecta.

Por medio de este procedimiento (al contrario que con otros anteriores que solían utilizarse) casi no existe ingrediente o producto que no pueda ser caramelizado, aun aquellos que son de consistencia líquida.

Cocina al vacío

Novedosa modalidad de cocción en la que los alimentos son colocados en bolsas cerradas al vacío y cocinados en agua durante un determinado tiempo y a una cierta temperatura.

Cocción interna

Técnica culinaria que consiste en utilizar una parrilla dotada de asas sobre la que se distribuyen varias hileras de puntas de acero, lo que posibilita una cocción en la que se evita la pérdida de los jugos y de los nutrientes de las carnes.

Otras técnicas muy utilizadas

Confitado.
Marinado.

Utensilios
y tecnología

El uso de nuevos materiales y maquinaria de nueva generación, o bien la reutilización creativa y novedosa de tecnología preexistente, son otras de las características de la cocina molecular. Buena parte de las recetas de esta tendencia gastronómica hace uso de uno o varios de los siguientes ayudantes tecnológicos:

Sifón

Ideado en principio para montar crema, la cocina molecular parece haber descubierto su destino de grandeza oculto: la posibilidad de utilizarlo y de hacerlo imprescindible en la confección de las espumas, que son uno de los platos emblemáticos de la tendencia.

Thermomix

El empleo de la thermomix es muy frecuente en esta tendencia gastronómica. Caracterizada alguna vez como una "minipimer potenciada", la thermomix es, en rigor de verdad, un motor de cocina que combina cinco variables: funciones o procesos a realizar (pulverizar, triturar, hacer mayonesa, amasar, montar nata, etc.), tiempo de la función o el proceso

elegido, temperatura a la cual realizar el proceso, velocidad del mismo y presencia o no de la mariposa, accesorio que mantiene los ingredientes en movimiento constante, de forma tal de evitar que se peguen en el interior del vaso.

Máquina de vacío

Tiene dos funciones principales: conservación y cocción. En la primera de ellas, se destaca por resultar por demás eficiente en lo que hace a salsas, fondos de cocción y puré, relativamente en lo que hace a verduras y frutas, pero poco conveniente en lo relativo a carnes, especialmente si están crudas. La segunda función, esto es la cocción, le ha permitido a la cocina molecular revisar creativamente ciertos conceptos clásicos al respecto, tales como hervir o estofar.

Superficies de inducción

Se conoce como tal a las cocinas eléctricas más evolucionadas, las cuales permiten un excelente control de las temperaturas, no emanan calor alguno y resultan muy útiles a la hora de comprobar el punto justo de las cocciones.

Dosificador de salsas

Pequeño y por demás humilde recipiente de plástico, en cierto modo parecido a una mamadera, que permite controlar la aplicación de salsas, el uso del aceite y que suele resultar casi imprescindible a la hora de decorar con diseños los platos ya servidos.

Licuadora

Pese a que la más evolucionada thermomix es muy utilizada en la cocina molecular, su más modesta antecesora es también muy valorada y usada. Según Adrià, es el complemento ideal de la thermomix, entre otras cosas, porque ciertas texturas logradas con la licuadora son irremplazables.

Salamandra

También conocida como *gratinadora,* sirve para –tal como su nombre lo indica– gratinar preparaciones, pero también se la utiliza para aumentar la temperatura de las comidas calientes una vez que estas han sido emplatadas, de modo tal de poder servirlas en su punto justo, así como también para aplicar una novedosa técnica de caramelización.

Máquina cortadora

La popularmente conocida "cortafiambre" suele reemplazar a la mandolina a la hora de rebanar ciertos productos o ingredientes en láminas particularmente finas, tales como frutas, verduras o mariscos, entre otros.

Otros aparatos y utensilios utilizados

Máquina de helados o sorbetera.
Sartenes antiadherentes.
Horno a microondas.
Horno de vapor.

Preparaciones

Por supuesto, la cocina molecular no reconoce fronteras a la hora de personificarse en preparaciones. Efectivamente, las viejas, cotidianas y conocidas comidas (tales como una ensalada o una sopa) pueden ser pasadas por el cedazo tecnoemocional y hacerse presentes de una manera novedosa. Sin embargo, existen ciertas preparaciones que son casi una exclusividad de esta vanguardista tendencia gastronómica. Son las siguientes:

Espumas

Clásico absoluto de la gastronomía molecular, se logran con la ayuda de un sifón que permite que alimentos diversos o preparaciones disímiles obtengan una textura similar –aunque más aérea– a la de una *mousse*, pero sin el agregado de otros productos, lo que hace que los aromas y sabores del ingrediente principal se mantengan intactos y mucho más suaves.

Pero las ventajas no terminan allí: al estar el sifón cerrado herméticamente, las espumas no absorben aromas ni sabores de otros alimentos al, por ejemplo, guardarlas en la heladera, manteniéndose por más tiempo sus características originales. Las hay de berenjenas, pomelo, nuez moscada, jazmín, maíz, menta, cardamomo, cebolla, manzana, bacalao, pistacho, queso, té, pera, anís estrellado, hinojo, yogur, agua de moluscos y, por supuesto, de cualquier audaz combinación que el chef en cuestión ose imaginar.

Aires

También conocidos como *humos*, se trata de agregados que sirven para llevar un determinado aroma al plato en cuestión. Se los puede percibir sobre una comida como globos que dejan escapar sus aromas antes de ser probados o bien bajo la forma de burbujas encadenadas.

Gelatinas calientes

Extraídas generalmente de algas que se encuentran en su mayoría en los mares del sur de África, se caracterizan por soportar altas temperaturas de cocción y por mantenerse en estado sólido aun estando verdaderamente muy calientes. Una novedad que permite acompañar una carne de ternera con una sabrosa gelatina caliente de brotes de rabanito o una pieza de cerdo con un exótico velo gelatinoso de jengibre.

Raviolis

Adrià y su equipo han "revolucionado" el concepto de raviol. Primero, lo hicieron apuntando a laminar la pasta lo más finamente posible. Luego, creando los "ravioli líquidos", rellenos con mezclas que en contacto con el calor se tornan una suerte de sopa. Y después fueron más lejos aún, reemplazando la pasta que conforma el envoltorio por ingredientes tales como sepias, verduras, setas y frutas. Algunos clásicos al respecto son los raviolis de maíz a la vainilla, los de remolacha al pistacho, y los de sepia y coco a la soja.

Helados salados

Preparación que responde a dos fórmulas básicas. Una de ellas consiste en una receta base (generalmente de leche, crema o yemas) que es aromatizada con especias o hierbas aromáticas. La segunda, en partir de la crema base y agregarle puré de vegetales o algún queso. Se los suele utilizar como complemento para las sopas frías y calientes.

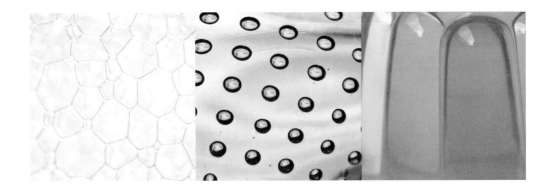

Sorbetes

La cocina molecular entiende como tal a la sopa o puré pasado por la máquina de hacer helados. De esta forma, se obtienen y se saborean los clásicos sorbetes de fruta, pero también de quesos, verduras y hierbas, entre otros ingredientes. Se trata de una preparación ligera que suele usarse a modo de guarnición o salsa para otorgar equilibrio a platos un tanto grasos o pesados.

Granizados

Primos gastronómicos de los sorbetes (a los que en ocasiones reemplazan en su función) la mayor parte de ellos se realizan en base a jugos de fruta o verdura que se sazonan y se colocan en el congelador para, luego, hacer escamas con ellos.

Compactos

Jugos que se disponen en aros redondos, se congelan y, una vez sólidos, se desmoldan para emplearlos como ingrediente de los platos o a modo de decoración de los mismos. Permiten cambiar notablemente la presentación de un plato poco atractivo al proporcionarle color, volumen y formas diversas.

Otras preparaciones

Mousse glacé
Biscuit glacé
Parfait glacé

Filosofía y poética
de una cocina de vanguardia

La cocina molecular no es considerada por buena parte de sus cultores una simple técnica culinaria, sino casi una filosofía de vida, con sus propios principios y su poética. A continuación, los enunciamos y explicamos.

La cocina como lenguaje

Todo lenguaje supone una determinada estructura que, en base a un número finito de elementos, permite la expresión: los planos en el caso del lenguaje cinematográfico, las letras y las palabras en el caso de la lengua, las notas y sus sonidos en el caso de la música, etc. Y es desde esta perspectiva que la cocina molecular mira al fenómeno gastronómico. Un plato, no es solo un plato: es una estructura compleja compuesta por un número determinado de elementos (los ingredientes) que, a través de determinados procesos, permite al cocinero expresarse, tal como un director de cine lo hace con sus películas o un músico se expresa con su composición. En la cocina molecular y a través de sus platos el chef exterioriza y comunica armonía, creatividad y, –¿por qué no?– felicidad.

El borramiento de las fronteras

En la cocina molecular se diluyen los bordes entre lo salado y lo dulce, y casi carece de sentido hablar de preparaciones principales y otras que cumplen el rol de acompañantes. Tampoco existen ingredientes nobles y otros que no lo son o algunos más "bajos" y otros más altos o de mayor categoría. Todos se nivelan y se valoran de manera similar en pos de que el cocinero creador pueda explorar nuevas fronteras culinarias sin pensar que ciertos ingredientes están vedados o son considerados impropios de una cocina de calidad.

El cocinero

Como una suerte de artista renacentista, el chef o cocinero molecular se vale de otras disciplinas para llevar a cabo su osado acto gastronómico: ancestrales técnicas culinarias, aportes de las nuevas tecnologías y artes plásticas abstractas son las más a menudo convocadas en ese acto creador que es un plato tecnoemocional. En realidad y en última instancia, más que crear un plato, el cocinero abre un camino de conceptos y sentidos, y propone un lenguaje (tal cual especificamos más arriba) a partir del cual se expresa y espera ser comprendido y apreciado, aunque sabe que no necesariamente sucederá así.

El comensal

La cocina molecular no interpela a un comensal pasivo sino a un sujeto activo dispuesto a sumergirse en una experiencia culinaria sensorial, emocional y conceptual que en mucho rebasa la sola idea de gustar de un plato o, más aún, de saciar el apetito. El comensal tecno-emocional es interpelado como alguien suficientemente osado como para probar ciertas preparaciones revolucionarias, concentrado en el acto de la degustación y preparado para entenderlo como un viaje de texturas, colores, conceptos y sabores. Ferran Adriá ha expresado al respecto: "La información que da un plato se disfruta a través de los sentidos; también se disfruta y racionaliza con la reflexión".

Bocados moleculares

¿Platos? ¿Bocados? ¿Obras de arte para el paladar? Lo cierto es que en el resultado final el hecho culinario molecular supera lo meramente sensorial y se dirige al espíritu, al intelecto y a las emociones. En su conformación hay arte, humor, provocación, color y sorpresa. El minimalismo es de rigor en la

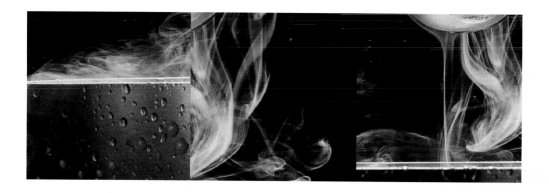

presentación: hay un "no" rotundo a los platos llenos (como lo hay en toda cocina de calidad que se precie de tal), pero también se llega al punto de hacer de ellos una suerte de cuadro no figurativo donde colores, formas, volúmenes y transparencias se disputan la atención del comensal. "La descontextualización, la ironía, el espectáculo, la performance, son completamente lícitos, siempre que no sean superficiales", sentencia Adrià. De esa forma han podido verse, por ejemplo, platos en los que hay una pequeña vela encendida por detrás de un disco de caldo congelado colocado sobre un soporte y que posee en su interior el fino reticulado de un alga, de manera tal que esta se suma a la imagen difusa de la llama del pabilo que se percibe por detrás.

El ideal de menú: la degustación

La cocina molecular anula la idea de entrada, plato fuerte o principal y postre. Su menú ideal es una secuencia de 7, 10, 12 o más bocados o pequeños platos que se degustan no en pos de saciar el apetito sino para emprender un fascinante viaje de sabores, olores, colores, temperaturas y texturas. Ello es conocido mayormente como *Menú degustación,* aunque también ha recibido otras denominaciones, tales como *Menú de prestigio* o *Menú gastronómico.* "La concepción de las recetas está pensada para que la armonía funcione en raciones pequeñas", señaló Ferran Adrià y, de hecho, prácticamente todos los restaurantes que se engloban dentro de esta tendencia siguen a rajatabla la idea del maestro: secuencia degustativa de variadas raciones pequeñas.

Ferran Adrià ha reflexionado y madurado su opinión sobre el tema de los menúes de degustación y hacia 1997, decía lo siguiente:

"1–El menú de degustación tiene que ser una filosofía y un sentimiento orientados al modo de hacer feliz a una persona comiendo.

2–No es obligatorio hacer un menú de degustación. Para optar por esa vía es preciso disponer de los medios necesarios (equipo, instalaciones) y creer verdaderamente en esta manera de comer.

3–Se debe calcular muy bien la cantidad de comida que se sirve. Durante muchos años se han realizado menús caracterizados por la escasa cantidad de comida.

4–Los menús tienen que servirse con un ritmo adecuado. Un menú que se sirve muy lento (salvo si así lo desean los comensales) puede llegar a ser pesadísimo aunque cada plato sea excelente.

5–En España existe un fenómeno en cierta manera paralelo, las tapas. Yo siento una gran debilidad por las tapas, y hace ya mucho tiempo que relacioné ambos modos de comer. Difícilmente, a una persona a la que le gusten las tapas le disgustarán los menús de degustación.

6–En mi opinión, el máximo exponente de la gastronomía consiste en ir comiendo mientras el cocinero sirve continuamente nuevos platos con una armonía, una creatividad y un ritmo adecuados.

7–Los menús de degustación pueden ofrecer un problema. Dado que contienen muchos productos se puede dar el caso de que a ciertos clientes no les agraden algunos de ellos (aunque al verdadero gourmet le gusta casi todo). Lo mejor que puede hacer un cocinero si su intención principal es que el comensal se lo pase bien, es preguntarle acerca de sus gustos en referencia a los productos problemáticos (despojos, moluscos, etc.)

8–La gran dificultad de un restaurante que ofrece menús de degustación, como es el caso de *El Bulli,* que además basa parte de su magia en la sorpresa y la novedad, es que la propia composición de este menú obliga a cambiar de doce a dieciséis platos cuando se quiere ofrecer algo nuevo a un comensal que acude por segunda vez (…)".

Otros puntos importantes de la cocina molecular

– Los ingredientes y productos utilizados deben ser siempre de óptima calidad.

– Se crea en equipo.

– La búsqueda técnico-conceptual es el vértice de la pirámide creativa.

– Se considera que la colaboración de expertos de distintas disciplinas y campos diversos de la cultura es primordial para la evolución de este tipo de cocina: historiadores, científicos, artistas, diseñadores, etc.

Buenos Aires
molecular

Buenos Aires, importante polo gastronómico de Sudamérica, también cuenta con sus restaurantes de cocina molecular o, si se quiere, vanguardista. Son los siguientes:

- *Moreno*: ubicado en el tradicional y turístico barrio de San Telmo, posee 70 cubiertos, se define como tecno-emocional y el chef a cargo es Dante Liporace. Se caracteriza por los sabores bien definidos, la impresionante carta de vinos y los precios elevados.

- *La Vinería de Gualterio Bolívar:* situado en el mismo barrio que el anterior, cuenta con 40 cubiertos y está a cargo del chef-propietario Alejandro Digilio. El menú va cambiando de acuerdo a la estación del año, hay secuencias degustatorias de 7 y 11 pasos, y preparan una criollísimamente molecular espuma de chimichurri y un misterioso cordero sin cordero.

- *El Bistró* situado en el moderno distrito de Puerto Madero está a cargo del chef Mariano Cid de la Paz y en la vinoteca Aldo Graziani, uno de los *sommeliers* más renombrados del país. Se pueden pedir platos a la carta o disfrutar de una degustación de 11 pasos.

- *Aramburu* en el barrio sureño de Constitución, tiene como cocinero a su dueño, Gonzalo Aramburu, y complementa alguno de sus menúes con un MP3 con música acorde a la secuencia de platos, al mejor estilo Heston Blumenthal.

- Por último, *Maat,* en el barrio de Belgrano, en la zona norte de la ciudad, es sobrio y silencioso, y tiene un estilo club privado londinense. Está a cargo del chef Rodrigo Ginzuk, tiene cava de vinos con sala de degustación incluida y, al menos hasta el momento, carece de menú degustación.

Críticas
a la cocina molecular

Si bien la cocina molecular tiene sus cultores y admiradores en distintos lugares del mundo y, muy especialmente, en los centros urbanos y las grandes capitales, lo cierto es que no siempre es bien recibida. Tanto Ferran Adrià como los platos de su templo gastronómico, *El Bulli,* han sido objeto de severas críticas. El vanguardismo absolutamente radical de sus métodos, preparaciones y presentaciones que se "opone" a una tradición culinaria con siglos de antigüedad, tal como puede ser la española, no es siempre comprendido y algunos de sus colegas tampoco lo hacen.

El conocido cocinero catalán Santi Santamaría, por ejemplo, mantiene una postura manifiestamente contraria a la cocina molecular y, por supuesto, a quienes la idean y elaboran. Fue así que este chef, propietario del restaurante *El Racó de Can Fabes* y distinguido en 2005 como el mejor cocinero español por la *Guía Michelin,* propuso en su libro *La cocina al desnudo* que los grandes cocineros especifiquen en sus menúes los ingredientes que conforman sus platos. Su posición se centra en la

afirmación de que muchos aditivos que se utilizan en la cocina molecular (pese a estar autorizados por las por demás exigentes autoridades europeas) resultan poco saludables. Asegura, por ejemplo, que la metilcelulosa, gelificante de origen vegetal que tiene la propiedad de gelificar en caliente y que es muy utilizada en la cocina molecular, podría resultar perjudicial para la salud. Santamaría precisa, además, que ingerir más de seis gramos de esta sustancia puede dañar la salud, que está contraindicada para niños menores de 6 años y que, de hecho, en dosis mayores se receta como laxante. De manera más amplia, se pregunta si, en tanto chef, se puede sentir orgullo ante una cocina que llena sus platos de gelificantes y emulsionantes de laboratorio.

Por otro lado, en marzo de 2010 el Ministerio de Sanidad de Italia prohibió la utilización de varios ingredientes y aditivos propios de la cocina molecular, en pos de garantizar la seguridad de los alimentos que se suministran en los restaurantes de ese país.

Recetario

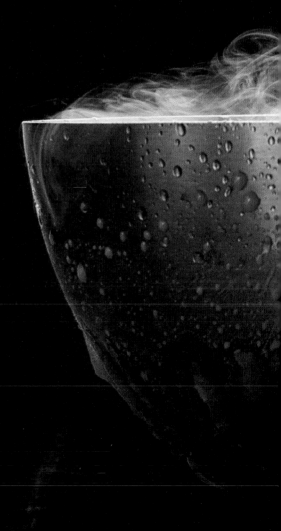

A continuación presentamos una posible secuencia de degustación de cocina molecular.

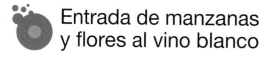

Entrada de manzanas y flores al vino blanco

Ingredientes:
2 manzanas verdes.
1 cucharadita de jugo de limón.
1 cebolla pequeña.
10 cc de vino blanco seco.
5 g de sal marina.
10 pétalos de petunia.
4 pétalos de flores de taco de reina.

Preparación:
1) Pelar la cebolla y cortarla en juliana bien fina. Reservar.

2) Pelar las manzanas, retirarles las semillas y cortarlas en rodajas.

3) Triturar en la thermomix las rodajas de manzana, junto al vino blanco, el jugo de limón y la sal marina hasta obtener una pasta lo más homogénea posible.

4) Colocar la preparación obtenida en el centro de un plato.

5) Disponer por encima algo de la juliana de cebolla.

6) Terminar decorando con los pétalos de taco de reina y de petunia, tanto sobre el puré de manzana como por el resto del plato a modo de diseño.

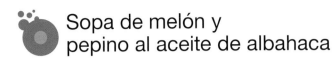

Sopa de melón y pepino al aceite de albahaca

Ingredientes:

500 g de pulpa de melón sin semillas.
2 pepinos.
10 hojas de albahaca fresca.
75 cc de aceite de oliva extra-virgen.
5 g de sal.
5 g de pimienta negra recién molida.

Preparación:

1) Pelar el pepino y cortarlo en rodajas bien finas. Reservar 2 de ellas para la presentación de cada plato.

2) Cortar el melón en cuadrados de aproximadamente 2 x 2 cm, reservando 4 para la presentación de cada plato.

3) Triturar en la thermomix las rodajas restantes de pepino con los cubos restantes de melón hasta obtener una preparación lo más homogénea posible.

4) Colar.

5) Colocar en un plato hondo los 4 cuadrados de melón y llenar el plato hasta la mitad con la mezcla triturada de pepino y melón.

6) Agregarle a cada plato las 2 rodajas de pepino.

7) Salpimentar por arriba, sin revolver.

8) Triturar en la thermomix las hojas de albahaca con el aceite de oliva.

9) Colar, colocar en un dosificador de salsa y salsear el plato con algunas gotas y formando algún diseño decorativo.

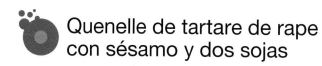

Quenelle de tartare de rape con sésamo y dos sojas

Ingredientes:

100 g de rape.
50 cc de salsa de soja.
30 cc de aceite de sésamo.
1 cebolla pequeña.
20 g de semillas de sésamo tostadas.
10 brotes de soja.

Preparación:

1) Picar bien el rape.

2) Mezclarlo con la mitad de la salsa de soja. Reservar.

3) Picar bien fina la cebolla.

4) Mezclarla con el resto de la salsa de soja y las semillas de sésamo, de forma tal de obtener una suerte de vinagreta.

5) Con la ayuda de dos cucharas, hacer un quenelle y colocarlo en el centro del plato.

6) Por encima, disponer los brotes de soja.

7) Terminar salseando con la vinagreta, tanto sobre el quenelle de rape como por el resto del plato a modo de diseño.

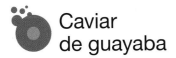 # Caviar
de guayaba

Ingredientes:
100 cc de jugo de guayaba.
25 de agar-agar.
200 cc de aceite de girasol.
1 jeringa estéril, sin aguja.

Preparación:
1) Poner a hervir el jugo de guayaba.

2) Una vez que esté bien caliente, agregar el agar-agar en forma envolvente y siempre revolviendo.

3) Dejar hervir a fuego bajo durante un par de minutos.

4) Retirar del fuego.

5) Llenar la jeringa estéril con la mezcla (o con parte de ella).

6) Colocar el aceite en una taza.

7) Ir incorporando en ella, poco a poco y en forma de gotas, el jugo de guayaba con el agar-agar.

8) Dejar reposar en el fondo del recipiente por unos minutos.

9) Colar el aceite y enjuagar bien las esferas en agua fría para remover el exceso de grasa.

10) Guardar en la heladera, por lo menos durante 1 hora.

Ensalada de hojas verdes al praliné con reducción de jerez

Ingredientes:

10 hojas de rúcula bien tierna.
10 hojas de espinaca bien tierna.
10 hojas de radicheta bien tierna.
50 cc de jerez.
50 g de una o varias frutas secas (nueces, almendras, castañas, avellanas, etc.).
50 cc de aceite de girasol.
5 g de sal.

Preparación:

1) Colocar el jerez en una olla a fuego bajo.

2) Reducirlo hasta obtener un líquido más bien espeso. Reservar.

3) Poner las frutas secas junto al aceite en una sartén.

4) Dorarlas a fuego bajo, revolviendo de cuando en cuando.

5) Triturar en la thermomix las frutas secas tostadas hasta obtener una pasta lo más homogénea posible.

6) Lavar bien las hojas verdes, secarlas y colocarlas en el centro de un plato.

7) Salarlas.

8) Sobre ellas, derramar unas gotas de la reducción de jerez.

9) Por sobre la reducción, verter algo del praliné de frutas secas.

10) Terminar la decoración del plato formando hacia los costados algún diseño decorativo con el resto de la reducción de jerez y algo del praliné.

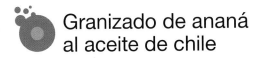

Granizado de ananá al aceite de chile

Ingredientes:
200 g de ananá bien maduro.
30 cc de aceite de girasol.
10 g de algún chile o mezcla de ellos (guajillo, chipotle, habanero, poblano, etc.).
5 g de sal.

Preparación:
1) Retirarle al ananá los centros fibrosos.

2) Cortar en rodajas.

3) Triturarlo en la thermomix junto a la sal.

4) Llevar la mezcla al freezer o congelador, hasta que se congele. Reservar.

5) Si los chiles a utilizar estuvieran secos, retirarles el cabito y las semillas e hidratarlos durante 2-3 horas en agua tibia. En caso de estar frescos, simplemente retirarles el cabito y las semillas.

6) Triturar en la thermomix el chile con el aceite de girasol, hasta obtener una preparación homogénea.

7) Colar y colocar en un dosificador de salsa.

8) Retirar la mezcla del congelador o freezer y, con algún elemento adecuado, raspar por encima de forma tal de conseguir un granizado.

9) Muy rápidamente, colocar el equivalente de un cucharón de granizado obtenido en el medio de un plato.

10) Salsear por arriba y por los costados con el aceite de chile.

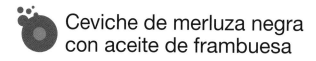

Ceviche de merluza negra con aceite de frambuesa

Ingredientes:

200 g de merluza negra.
200 cc de jugo de limón, preferentemente sutil.
50 cc de jugo de naranja.
25 g de sal marina.
1 cebolla roja pequeña.
4 frambuesas.
100 cc de aceite de girasol.

Preparación:

1) Cortar la merluza en rectángulos de aproximadamente de 7 x 2 cm.

2) Colocar los rectángulos en un cuenco o plato hondo de vidrio o porcelana.

3) Mezclar el jugo de limón con el de naranja y la sal.

4) Con el líquido obtenido cubrir los rectángulos de pescado.

5) Refrigerar durante un mínimo de 3 horas.

6) Cortar la cebolla en juliana muy fina. Reservar.

7) Triturar en la thermomix el aceite de girasol con las frambuesas hasta obtener una preparación homogénea.

8) Colar y colocar en un dosificador de salsa.

9) Retirar los rectángulos de merluza del jugo.

10) Disponer en el centro de un plato dos rectángulos de merluza.

11) Colocarles por encima unas plumas de cebolla.

12) Salsear con el aceite de frambuesa, tanto por encima de los rectángulos, como por el resto del plato, realizando algún diseño decorativo.

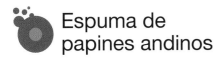

Espuma de papines andinos

Ingredientes:

250 g de papines andinos de, por lo menos, 3 variedades.
100 cc de crema de leche.
25 cc de yogur natural.
100 cc de caldo.
35 cc de aceite de maíz.
5 g de sal.
1 sifón (½ litro).
1 cápsula de N_2O.

Preparación:

1) Sin pelarlos ni cortarlos, cocinar al vapor u hornear los papines durante 40-45 minutos, dependiendo del tamaño de los mismos, hasta que queden tiernos.

2) Poner los papines y el caldo en la thermomix a 70° y triturar.

3) Ir añadiendo de a poco la crema de leche y el yogur.

4) Continuar haciendo lo mismo con el aceite y la sal hasta conseguir una preparación lo más homogénea posible.

5) Colar y llenar el sifón.

6) Enroscar la cápsula y agitar.

7) Retirar la cápsula, colocar el embellecedor y mantener a Baño María a 70°.

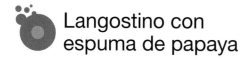

Langostino con espuma de papaya

Ingredientes:

200 g de pulpa de papaya fresca.
100 cc de agua, preferentemente mineral.
2 hojas de gelatina.
1 sifón (½ litro).
1 cápsula de N_2O.
1 langostino grande y pelado por porción.

Preparación:

1) Triturar en la thermomix la pulpa de la papaya fresca hasta obtener un puré lo más fino posible.

2) Colar.

3) Rehidratar en agua fría la gelatina y, luego, disolverla en un poco de agua caliente.

4) Agregarle el resto de agua.

5) Mezclar bien la gelatina con la pulpa de mango.

6) Llenar el sifón, enroscar la cápsula y agitar.

7) Retirar la cápsula, colocar en el embellecedor y dejar reposar en la heladera.

8) Colocar en el centro del plato un copete de espuma de papaya y, sobre este, el langostino.

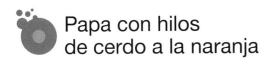

Papa con hilos de cerdo a la naranja

Ingredientes:

250 g de carne de cerdo en una pieza sin hueso ni grasa.
100 cc de jugo de naranja
10 g de ralladura de naranja.
1 papa grande.
1 cebolla pequeña.
10 g de sal.
20 cc de aceite de maíz.

Preparación:

1) Untar la pieza de carne de cerdo con el total del jugo de naranja.

2) Espolvorear con la mitad de la ralladura de naranja.

3) Envolverla en papel film.

4) Introducirla en una bolsa al vacío y ponerla a baño María a 75º.

5) Dejarla en cocción hasta que la carne quede lo suficientemente tierna como para poder desprenderse en hilos. Tener en cuenta que el proceso puede demandar varias horas.

6) Cuando la carne se encuentre casi cocida, cortar la papa sin pelar en una rodaja grande y cocinarla al vapor hasta que quede cocida pero firme. Reservar.

7) Sacar la carne de la bolsa.

8) Hornearla a 250º durante 7 minutos.

9) Retirarla y, con la ayuda de una pinza, ir sacando hilos de carne lo más finos posible.

10) Colocar la papa en el centro de un plato y rociarla con el aceite.

11) Disponer por encima de ella varios hilos de carne de cerdo, formando algún tipo de diseño.

12) Salar.

13) Terminar espolvoreando con el resto de la ralladura de naranja, tanto sobre la preparación como por el resto del plato.

Cuadrados de hígado de cordero con gírgolas y flores

Ingredientes:
75 g de manteca.
50 cc de aceite de girasol.
10 g de sal.
1 cebolla pequeña.
125 g de gírgolas.
100 cc de vino tinto.
250 g de hígado de cordero.
6 pétalos de petunia por porción.

Preparación:
1) Picar la cebolla.

2) Calentar la mitad de la manteca y del aceite en una sartén, y rehogar la cebolla hasta que transparente.

3) Cortar las gírgolas en cuartos.

4) Añadirlas a la cebolla.

5) Cocinar a fuego bien alto durante 5 minutos, revolviendo de cuando en cuando con cuchara de madera.

6) Añadir el vino, salar y dejar hervir a fuego lento sin parar de remover hasta que el vino se reduzca a la mitad y la salsa esté levemente espesa.

7) Apagar el fuego, tapar y reservar.

8) Cortar el hígado de cordero en cuadrados de, aproximadamente, 6 x 6 cm y 2 cm de alto.

9) En otra sartén, colocar el resto de la manteca y del aceite.

10) Rehogar a fuego moderado los cuadrados de hígado de cordero durante 4 minutos, dando vuelta en mitad de la cocción.

11) Añadir al hígado las cebollas y las gírgolas, y cocinar durante 1 minuto más.

12) Servir 2 cuadrados por porción, colocándole algo de salsa por encima y, por sobre esta, 2 pétalos de petunia.

13) Terminar la decoración del plato formando hacia los costados algún diseño con un poco más de salsa y los 4 pétalos restantes.

Helado de lavanda

Ingredientes:
200 cc de agua mineral.
200 g de azúcar.
4 yemas de huevo.
2 claras de huevo.
30 flores de lavanda.
200 cc de crema de leche.

Preparación:
1) Colocar el agua y el azúcar en una cacerola.

2) Llevarla a fuego.

3) Una vez que rompa el hervor, bajar el fuego al mínimo y cocinar durante 5 minutos.

4) Retirar del fuego.

5) Colocar las flores de lavanda en el almíbar obtenido y revolver.

6) Dejar infusionar durante 45 minutos o hasta que tome temperatura ambiente.

7) Colar y reservar.

8) Batir las yemas hasta que tomen un color pálido y una consistencia cremosa.

9) Verter las yemas en el almíbar sin dejar de batir.

10) Aparte, batir la crema hasta obtener un punto chantilly.

11) Agregar la mezcla de yemas a la crema, sin dejar de batir.

12) Batir las claras a punto nieve y añadir.

13) Poner la mezcla en una máquina de helados y dejar que trabaje de 15 a 20 minutos.

14) Guardar en el freezer o congelador.

 ## Espuma de queso azul con peras

Ingredientes:
150 cc de leche entera.
200 g de queso azul.
300 cc de crema de leche.
125 cc de claras de huevo.
5 g de sal.
1 sifón (½ litro).
1 cápsula de N_2O.
½ pera por porción.

Preparación:

1) Rallar el queso azul lo más finamente posible. Reservar.

2) Calentar la leche hasta que tome punto de hervor. Cuando lo haga, bajar el fuego y agregar el queso.

3) Remover hasta que se logre la mayor disolución posible.

4) Retirar del fuego y añadir la crema.

5) Tapar y dejar reposar durante 10 minutos.

6) Pasar por un colador fino y dejar que tome temperatura ambiente.

7) Añadir las claras y salar.

8) Batir hasta obtener una preparación homogénea.

9) Llenar el sifón, enroscar la cápsula y agitar.

10) Retirar la cápsula, colocar el embellecedor y mantener a baño Maria a 65°.

11) Cortar una pera a la mitad, retirarle el cabito, las semillas y la nervadura central.

12) Colocarla en el centro de un plato con la parte cortada hacia arriba y servirla con un copete de espuma de queso azul.

Chocolate blanco con ají

Ingredientes:
150 g de chocolate blanco.
10 g de ají molido.

Preparación:

1) Fundir el chocolate blanco. Para ello, colocarlo en una olla y poner esta a baño María con agua casi a punto de hervor, al tiempo que se revuelve constantemente, hasta lograr una preparación de consistencia cremosa.

2) Estirar rápidamente una fina capa sobre un papel manteca.

3) Espolvorearle por encima parte del ají molido.

4) Dejar solidificar a temperatura ambiente.

5) Agregar por encima otra capa muy fina de chocolate blanco.

6) Llevar a la heladera para que solidifique bien.

7) Cortar en la forma deseada con un cortante tibio de manera tal de formar bocados.

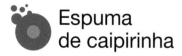 # Espuma de caipirinha

Ingredientes:
150 g de clara de huevo.
150 cc de jugo de limón sutil o, en su defecto, de lima.
70 cc de cachaca.
70 g de azúcar.
70 cc de agua mineral.
1 sifón (½ litro).
1 cápsula de N_2O.

Preparación:

1) Diluir el azúcar en el agua mineral y llevar a ebullición.

2) Retirar del fuego, dejar enfriar y guardar en la heladera.

3) Batir levemente las claras.

4) Añadirles el jarabe previamente refrigerado, junto con la cachaca y el jugo de limón.

5) Colar y llenar el sifón.

6) Enroscar la cápsula y agitar.

7) Retirar la cápsula, colocar en el embellecedor y dejar reposar en la heladera.

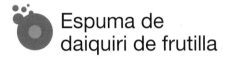 # Espuma de daiquiri de frutilla

Ingredientes:
250 g de frutillas.
50 g de azúcar.
70 cc de agua mineral.
50 cc de ron blanco.
2 hojas de gelatina.
1 sifón (½ litro).
1 cápsula de N_2O.

Preparación:
1) Lavar bien las frutillas y retirarles el cabito.

2) Cocinarlas a baño María junto con el azúcar durante 1 hora.

3) Pasar el puré obtenido por un colador fino y guardar en la heladera.

4) Remojar las hojas de gelatina en un poco de agua fría y terminar de disolverlas con un poco de agua mineral bien caliente.

5) Agregar el resto de agua mineral y el ron, y mezclar con el puré de frutillas.

6) Llenar el sifón, enroscar la cápsula y agitar.

7) Retirar la cápsula, colocar en el embellecedor y dejar reposar en la heladera.

Glosario
de ingredientes

Los alimentos y condimentos reciben nombres distintos en el mundo de habla hispana. Cada país tiene sus denominaciones propias y generalmente ignora las del resto de América y España. En este libro se han utilizado las denominaciones propias de Argentina pero, para que el lector latinoamericano no tenga dificultades en comprender los ingredientes de las recetas, incluimos el siguiente glosario.

Aceite de oliva: aceite de olivo.

Agua mineral: agua envasada, agua natural.

Ananá: piña.

Ají molido: chile molido.

Brotes: germinados.

Cachaca: aguardiente destilado de la caña de azúcar, de origen brasilero.

Cebolla roja: cebolla morada, cebolla colorada.

Cerdo: puerco, chancho, marrano.

Crema de leche: nata líquida.

Chile: ají pìcante.

Frutas secas: frutos secos.

Frutilla: fresa.

Gelatina: grenetina.

Girasol: mirasol.

Gírgolas: variedad de hongo o seta.

Jerez: vino balnco de origen español, de sabor y aroma muy pronunciados.

Limón sutil: lima, limón verde.

Manteca: mantequilla.

Manzana verde: grammy smith.

Papaya: mamón.

Papines: pequeñas papas o patatas, de distintos sabores y texturas.

Queso azul: roquefort.

Rape: pez de exquisita y suave carne, de consumo muy popular en España.

Ron: rhum, aguardiente destilado de la caña de azúcar, oroginario del Caribe.

Rúcula: Ruqueta.

Salsa de soja: salsa de soya, salsa negra.

Sésamo: ajonjolí.

Índice